海上絲綢之路基本文獻叢書

蟹譜·蟹略

〔宋〕傅肱 撰／〔宋〕高似孫 修

文物出版社

圖書在版編目（CIP）數據

蟹譜 /（宋）傅肱撰．蟹略 /（宋）高似孫修．--
北京 : 文物出版社，2023.3
（海上絲綢之路基本文獻叢書）
ISBN 978-7-5010-6114-3

Ⅰ．①蟹… ②蟹… Ⅱ．①傅… ②高… Ⅲ．①蟹類－飲食－文化－中國－宋代 Ⅳ．① TS971.292

中國國家版本館 CIP 數據核字（2023）第 026229 號

海上絲綢之路基本文獻叢書
蟹譜·蟹略

撰　　者：〔宋〕傅肱　〔宋〕高似孫
策　　劃：盛世博閱（北京）文化有限責任公司

封面設計：鞏榮彪
責任編輯：劉永海
責任印製：王　芳

出版發行：文物出版社
社　　址：北京市東城區東直門内北小街 2 號樓
郵　　編：100007
網　　址：http://www.wenwu.com
經　　銷：新華書店
印　　刷：河北賽文印刷有限公司
開　　本：787mm×1092mm　1/16
印　　張：11.25
版　　次：2023 年 3 月第 1 版
印　　次：2023 年 3 月第 1 次印刷
書　　號：ISBN 978-7-5010-6114-3
定　　價：90.00 圓

總緒

海上絲綢之路，一般意義上是指從秦漢至鴉片戰争前中國與世界進行政治、經濟、文化交流的海上通道，主要分爲經由黄海、東海的海路最終抵達日本列島及朝鮮半島的東海航綫和以徐聞、合浦、廣州、泉州爲起點通往東南亞及印度洋地區的南海航綫。

在中國古代文獻中，最早、最詳細記載『海上絲綢之路』航綫的是東漢班固的《漢書·地理志》，詳細記載了西漢黄門譯長率領應募者入海『齎黄金雜繒而往』之事，書中所出現的地理記載與東南亞地區相關，并與實際的地理狀况基本相符。

東漢後，中國進入魏晋南北朝長達三百多年的分裂割據時期，絲路上的交往也走向低谷。這一時期的絲路交往，以法顯的西行最爲著名。法顯作爲從陸路西行到印度，再由海路回國的第一人，根據親身經歷所寫的《佛國記》（又稱《法顯傳》）一書，詳細介紹了古代中亞和印度、巴基斯坦、斯里蘭卡等地的歷史及風土人情，是瞭解和研究海陸絲綢之路的珍貴歷史資料。

隨着隋唐的統一，中國經濟重心的南移，中國與西方交通以海路爲主，海上絲綢之路進入大發展時期。廣州成爲唐朝最大的海外貿易中心，朝廷設立市舶司，專門管理海外貿易。唐代著名的地理學家賈耽（七三〇～八〇五年）的《皇華四達記》記載了從廣州通往阿拉伯地區的海上交通『廣州通海夷道』，詳述了從廣州港出發，經越南、馬來半島、蘇門答臘島至印度、錫蘭，直至波斯灣沿岸各國的航綫及沿途地區的方位、名稱、島礁、山川、民俗等。譯經大師義净西行求法，將沿途見聞寫成著作《大唐西域求法高僧傳》，詳細記載了海上絲綢之路的發展變化，是我們瞭解絲綢之路不可多得的第一手資料。

宋代的造船技術和航海技術顯著提高，指南針廣泛應用於航海，中國商船的遠航能力大大提升。北宋徐兢的《宣和奉使高麗圖經》詳細記述了船舶製造、海洋地理和往來航綫，是研究宋代海外交通史、中朝友好關係史、中朝經濟文化交流史的重要文獻。南宋趙汝适《諸蕃志》記載，南海有五十三個國家和地區與南宋通商貿易，形成了通往日本、高麗、東南亞、印度、波斯、阿拉伯等地的『海上絲綢之路』。宋代爲了加强商貿往來，於北宋神宗元豐三年（一〇八〇年）頒布了中國歷史上第一部海洋貿易管理條例《廣州市舶條法》，并稱爲宋代貿易管理的制度範本。

元朝在經濟上採用重商主義政策，鼓勵海外貿易，中國與世界的聯繫與交往非常頻繁，其中馬可·波羅、伊本·白圖泰等旅行家來到中國，留下了大量的旅行記，記録元代海上絲綢之路的盛况。元代的汪大淵兩次出海，撰寫出《島夷志略》一書，記録了二百多個國名和地名，其中不少首次見於中國著録，涉及的地理範圍東至菲律賓群島，西至非洲。這些都反映了元朝時中西經濟文化交流的豐富内容。

明、清政府先後多次實施海禁政策，海上絲綢之路的貿易逐漸衰落。但是從明永樂三年至明宣德八年的二十八年裏，鄭和率船隊七下西洋，先後到達的國家多達三十多個，在進行經貿交流的同時，也極大地促進了中外文化的交流，這些都詳見於《西洋蕃國志》《星槎勝覽》《瀛涯勝覽》等典籍中。

關於海上絲綢之路的文獻記述，除上述官員、學者、求法或傳教高僧以及旅行者的著作外，自《漢書》之後，歷代正史大都列有《地理志》《四夷傳》《西域傳》《外國傳》《蠻夷傳》《屬國傳》等篇章，加上唐宋以來衆多的典制類文獻、地方史志文獻，集中反映了歷代王朝對於周邊部族、政權以及西方世界的認識，都是關於海上絲綢之路的原始史料性文獻。

海上絲綢之路概念的形成，經歷了一個演變的過程。十九世紀七十年代德國地理學家費迪南·馮·李希霍芬(Ferdinad Von Richthofen，一八三三～一九〇五)，在其《中國：親身旅行和研究成果》第三卷中首次把輸出中國絲綢的東西陸路稱爲『絲綢之路』。有『歐洲漢學泰斗』之稱的法國漢學家沙畹(Édouard Chavannes，一八六五～一九一八)，在其一九〇三年著作的《西突厥史料》中提出『絲路有海陸兩道』，蘊涵了海上絲綢之路最初提法。迄今發現最早正式提出『海上絲綢之路』一詞的是日本考古學家三杉隆敏，他在一九六七年出版《中國瓷器之旅：探索海上的絲綢之路》中首次使用『海上絲綢之路』一詞；一九七九年三杉隆敏又出版了《海上絲綢之路》一書，其立意和出發點局限在東西方之間的陶瓷貿易與交流史。

二十世紀八十年代以來，在海外交通史研究中，『海上絲綢之路』一詞逐漸成爲中外學術界廣泛接受的概念。根據姚楠等人研究，饒宗頤先生是中國學者中最早提出『海上絲綢之路』的人，他的《海道之絲路與昆侖舶》正式提出『海上絲路』的稱謂。選堂先生評價海上絲綢之路是外交、貿易和文化交流作用的通道。此後，學者馮蔚然在一九七八年編寫的《航運史話》中，也使用了『海上絲綢之路』一詞，此書更多地限於航海活動領域的考察。一九八〇年北京大學陳炎教授提出『海上絲綢之路』研究，并於一九八一年發表《略論海上絲綢之路》一文。他對海上絲綢之路的理解超越以往，且帶有濃厚的愛國主義思想。陳炎教授之後，從事研究海上絲綢之路的學者越來越多，尤其沿海港口城市向聯合國申請海上絲綢之路非物質文化遺産活動，將海上絲綢之路研究推向新高潮。另外，國家把建設『絲綢之路經濟帶』和『二十一世紀海上絲綢之路』作爲對外發展方針，將這一學術課題提升爲國家願景的高度，使海上絲綢之路形成超越學術進入政經層面的熱潮。

與海上絲綢之路學的萬千氣象相對應，海上絲綢之路文獻的整理工作仍顯滯後，遠遠跟不上突飛猛進的研究進展。二〇一八年厦門大學、中山大學等單位聯合發起『海上絲綢之路文獻集成』專案，尚在醖釀當中。我們不揣淺陋，深入調查，廣泛搜集，將有關海上絲綢之路的原始史料文獻和研究文獻，分爲風俗物産、雜史筆記、海防海事、典章檔案等六個類别，彙編成《海上絲綢之路歷史文化叢書》，於二〇二〇年影印出版。此輯面市以來，深受各大圖書館及相關研究者好評。爲讓更多的讀者親近古籍文獻，我們遴選出前編中的菁華，彙編成《海上絲綢之路基本文獻叢書》，以單行本影印出版，以饗讀者，以期爲讀者展現出一幅幅中外經濟文化交流的精美畫卷，爲海上絲綢之路的研究提供歷史借鑒，爲『二十一世紀海上絲綢之路』倡議構想的實踐做好歷史的詮釋和注脚，從而達到『以史爲鑒』『古爲今用』的目的。

凡例

一、本編注重史料的珍稀性，從《海上絲綢之路歷史文化叢書》中遴選出菁華，擬出版數百册單行本。

二、本編所選之文獻，其編纂的年代下限至一九四九年。

三、本編排序無嚴格定式，所選之文獻篇幅以二百餘頁爲宜，以便讀者閱讀使用。

四、本編所選文獻，每種前皆注明版本、著者。

五、本編文獻皆爲影印，原始文本掃描之後經過修復處理，仍存原式，少數文獻由於原始底本欠佳，略有模糊之處，不影響閱讀使用。

六、本編原始底本非一時一地之出版物，原書裝幀、開本多有不同，本書彙編之後，統一爲十六開右翻本。

目録

蟹譜

蟹譜

兩篇

〔宋〕傅肱 撰

清順治《説郛》刻本

蟹譜序論

蟹之爲物雖非登俎之貴然見於經引於傳著於子史志於隱逸歌詠於詩人雜出於小說皆有意謂焉故因益以今之所見聞次而譜之自總論而列爲上下二篇又敘其後聊亦以補博覽者所闕也神宋嘉祐四年冬序

總論

蟹水蟲也其字從虫（肝鬼反）亦曰魚屬故古文從魚作蟹以其外骨則曰介蟲取其横行目爲螃蟹焉骨眼

蜩腹蜼腦黨足其爪類拳丁其螯類執鉞匡跪叉昔外刺性復多躁或編諸繩縷或投諸笭箵則引聲噀沫必死方已類皆鮹育生於濟鄆者其色紺紫出於江淛者其色青白（此舉其所育多者爾凡有水之地不無此味）小者謂之彭螖中者謂之蟹匡長而銳者謂之蠘（音截）甚大者謂之蝤蛑雖皆有佳味獨蟹參於藥論耳明越谿澗石穴中亦出小蟹其色赤而堅俗呼爲石蟹與生伊洛者無異臍圓多腴而奪之螯臍長多瘠而與之蝦其於盛生夏者無遺穗以自充俗呼爲蘆根蟹（[illegible]）

蟛蠏小而味腥至八月則蛻形已蛻而形浸大秋冬之交稻粱已足各腹芒走江俗呼為樂蟹最號肥美由江而納其芒於海中之魁過冰雪則自伏淤澱不可得矣今人設啗具以案酒者此特為之先置焉江淮間尚推重如此況非所育之地乎何嘗食蔬弘君食檄虞悰飲食亦未必不珍此味也虞悰南史有傳但名存而書亡此為恨者曰蟚蚏者二月三月之盛出於海塗吳俗猶所嗜尚歲或不至則指目禁煙謂非佳節也今之通泰其類寔繁然有同蟚螆差大而毛好耕穴田畝中謂之蟚基毒不可食晉蔡道

明誤食之幾死尤宜慎辨也又多生於陂塘溝港穢雜之地往往因雨則瀕海之家列陣而上塡砌緣屋壁驅撲之不去也噫蟹雖微類至於腹芒以朝其魁其得自然之禮歟嗜欲以足捨陂港而之江海其得自然之智歟雖外剛躁而內無他腸其得自然之正歟豈獨以其滋味饜世人之口腹哉故論其畧而譜諸二篇之首

蟹譜上篇

怪山傅肱

離象

易之離象曰爲鼈爲蟹爲蠃爲蚌爲龜孔頴達云取其剛在外也

有匡

檀弓曰成人有其兄死而不爲衰者聞子臯將爲成宰爲衰成人曰蠶則績而蟹有匡范則冠而蟬有緌兄則死而子臯爲之衰孔頴達云蟹背殼似匡

仄行

周禮梓人爲筍簴別敘小蟲蟹屬以爲雕琢鄭康成注云刻畫祭器博庶物也蟲自外骨至胸鳴內有仄行者釋云蟹屬賈公彥疏曰今人謂之螃蟹以其側行者也內卻行者螾衍之屬卽由延也胑鳴者卽蝦蟇也紆行者卽蛇也按屬禮祭器未有以由延螃蟹蝦蟇以蛇爲飾者不知起何法制且經文但云以雕琢耳康成專取爲祭器之飾義誠未安

蜎蠌

爾雅釋魚篇云螖蠌小者蟧（勞螺屬見埤雅或曰即蟛也似蟹而小）

走遲

大司樂樂六變注蛤蟹走則遲

蟲孽

越王勾踐召范蠡曰吾與子謀吳子曰未可也今其稻蟹不遺種其可乎（注蟹食稻）對曰天應至矣人事未盡也王姑待之

性躁

荀子勸學篇云蟹六跪而二螯非蛇蟺之穴無所寄

託者用心躁也注跪足也螯蟹首上如鉞者序與蟹皆八足此云六者謬文然今觀蟹行後兩小足不着地以其無用所略而不言

左持

晉春秋畢吏部卓字茂世嘗謂人曰左手持蟹螯右手執酒杯拍浮酒池中足樂一生哉

捕鼠

淮南子曰使蟹捕鼠必不得

不噉

虞預會稽典錄云吞舟之魚不噉鰕蟹玉篇作鰕長鬚蟲也熊

虎之爪不剝狸鼠

郭索

太玄銳前一蟹之郭索後蚓黃泉范明叔云一水也所稱泉亦爲水所稱蟹五爲裸所稱蚓言蟹之與蚓者用心之不一蟹有郭索多足之蟹不如無足之蚓者以其用心之一也

蟚蜞

晉書蔡謨字明道初渡江見蟚蜞大喜曰蟹有八足加以二螯令烹之既食吐下委頓方知非蟹後詣謝尚而說之尚曰卿讀爾雅不熟幾爲勤學死

誅解系

晉解系字少連與趙王倫同討叛羌時倫信用佞人孫秀與系爭軍事更相表奏朝廷知系守正不撓而召倫還系表殺秀以謝氐羌不從後倫秀以宿憾收系兄弟梁王肜救系等倫曰我於水中見蟹且惡之況此人兄弟輕我邪遂害之

蛙矜

莊子秋水篇公子牟曰子獨不聞夫埳井之鼃乎謂東海之鼈曰吾樂與吾跳梁乎井幹之上入休乎闕

甃之崖涘水則接掖持頤蹶泥則沒足滅跗還虷音寒義云井中赤蟲一名蜎蟹與科斗莫吾能若也

龜長

大戴禮云甲蟲三百六十四神龜爲之長蟹亦蟲之一也

侈味

南史何胤字子季出繼叔父曠所更字胤叔初胤侈於食味前必方丈後稍欲去甚者猶食白魚䱇市演反脯糖蟹以爲非見生物擬食蚶蠣使門人議之學生

鍾岏曰鯶魚就脯驟見屈伸蟹之將糖躁擾彌甚仁人用意深懐此怛至於車螯蚶蠣眉目内闕慚渾沌之奇礦殼外緘非金人之愼不粹不榮曾草木之不若無馨無臭與瓦礫其何殊故宜長充庖廚永爲口實

瑣蛣

郭景純江賦云瑣蛣腹蟹水母目蝦又松陵集注云瑣蛣似蚌常有一小蟹在腹中爲蛣出求食蟹或不至蛣餒死所以淮海人呼爲蟹奴

介蟲之孽

月令章句曰介者甲也謂龜蟹之屬後漢五行志

無腸公子

抱朴子云山中無腸公子者蟹也

天文

釋典云十二星宮有巨蟹焉

食證

孟詵食療本草云蟹雖消食治胃氣理經絡然腹中有毒中之或致死急取大黃紫蘇冬瓜汁解之即差

又云蟹目相向者不可食又云以鹽漬之甚有佳味沃以苦酒通利支節去五臟煩悶予謂亦不可與柿子同食發霍瀉

異名

中華古今注云蟚蜞小蟹也生海塗中食土一名長卿其一螯偏大者爲擁劍一名執火

誡嗜

混俗頤生論曰凡人常膳之間猪無筋魚無氣鷄無髓蟹無腹皆物之稟氣不足者不可多食

兵異

軍畧災篇云地忽生蟹常急遷砦柵不遷將士下

一　巢鼠

陶隱居云僊方以黑犬血灌蟹三日燒之諸鼠畢集

一　蟨類

郭景純傳山海經云蟨形如車文青黑色十二足長五六尺似蟹雌常負雄而行漁者取之必雙得即吳都賦所謂乘鱟者也呂延濟亦注云似蟹

蒲名

南齊建武四年崔慧景作亂到都下今之金陵不克單馬

至蟹浦投漁人太叔榮之榮之故爲慧景門人時爲蟹浦戍因斬慧景頭納鰌籃中送都下焉

畫

唐韓晉公滉善畫以張僧繇爲之師善狀人物異獸水牛等外後妙於螃蟹

輪芒

孟詵食療本草云蟹至八月即啗芒兩莖長寸許東嚮至海輸送蟹王之所陶隱居亦云今開蟹腹中猶有海水乃是其證予謂即陸龜蒙云執穗以朝其魁

者也與夫羔羊跪乳蜂房會衙俱得自然之禮

蛉腹

唐顧況字逋翁混胎丈人攝魔還精符曰螟蛉之子蝦目蟹腹郎郎周周兩不相掩此之謂體異而氣同

同鼠孽

唐陸龜蒙字魯望作稻鼠記引國語曰今吾稻蟹不遺種豈吳人之土鼠與蟹更俟其便而効其力殲其民歟

爲菑

晉隱逸傳夏純字仲御會稽永興人也幼孤貧養親以孝睦聞初兄弟毎採梠求食星行夜歸或至海邊拘蟛蜞以自資養

玉篇

八足蟹二螯八足蚽普流反似蟹二足亦見郭璞江賦䗣上方武下布莫反皆蟹也

月令

季冬行秋令介蟲爲妖丑爲鼈蟹

圖經

羅處約新修蘇州圖鳥獸蟲魚篇蟹居其末

琴聲

琴譜履霜操有蟹行聲

唐韻

蟚蜞户八反似蟹而小予謂即兀五忽反蛤蟹水蟲
今之蟚蚏也一名蟚蜞耳虫屬似蟹也

蝤蛑上自秋下莫浮似䖳似蟹生海中予謂於食螯
蟹而大生海邊品中與萛勝胡麻相宜

蟹屬螯蟹大時也予謂古今螃蠏釋云本蠏云俗加
用螯跪字通作螯蟛字按周禮疏推作
旁取其横行今字益蟲乃是俗加陸德明所謂蟲屬
要作蟲旁草類皆從兩中是也然則旁蠏之呼名古
矣但不當加蟲字耳予謂今秀州華亭縣澉村所出
甚多小者謂之黄甲越人云和鹽泥養之可踰月

鰤魟下音工江蟲也形似蟹可食又音帙

鯁鱧下音孩雄蟹也

蚶胡安反蚶蟹一名蚱蟲

擁劒劒蟲形似蟹崔豹古今注折劒一名執火其螯赤謂之執火 鰿蟹子也以小反又他果切

蟨蟹腹下蟨於琰反 蝑鹽藏蟹事夜切 江蟖寺絕反似蝤蚌出海中 蜚蟲似蟹西足音北

說文

六足許慎說文云蟹六足二螯者也 蛫九毀切唐韻曰獸似龜白身赤首 胥相居切蟹醢也唐韻從蟲鹽藏之

長生

陶隱居云僊方投蟹於漆中化爲水飲之長生

食茛

陶隱居云蟹未被霜者甚有毒以其食水莨音建也人或中之不即療則多死至八月腹內有稻芒食之無毒

斬王攄

晉書劉聰字玄明即僞位左都水使者襄陵王攄坐魚蟹不供斬於東市

藥證

本草云蟹螃味鹹性寒有毒主胸中邪氣熱結痛喎僻面腫解結散血愈漆瘡養筋益氣取黃以塗久疽

瘡無不差者又殺莨菪毒其爪大主破胞墮胎陳藏器本草云人或斷絕筋骨者取脛中髓及腦與黃微熬納瘡中即自然連續海藥本草云石蟹按廣州記云出南海祗是尋常蟹年深歲久日被水沫相把因茲化成石蟹每遇海潮即飄出又有一般者入洞穴年深亦成石蟹味鹹寒有毒主消青盲眼浮翳又主眼澀皆細研水飛入藥相佐用以點耳

蟹譜下篇

恠山傅肱

孝報

初杭俗嗜蟚蜞而鄙食蟹時有農夫由彦升者家於半道幼性至孝其母嗜蟹彦升慮其鄰比閧笑常遠市於蘇湖間熟之以布囊負歸俄而楊行密將田頵於倫反兵暴至鄉人皆竄避於山谷糧道不接或多餓死獨彦升挈囊負母竟以解免時人以爲純孝之報焉

蟹譜下篇

殊類

震澤漁者陸氏子舉網得蟹其大如斗以螯剪其網皆斷陸氏子怒欲烹之其侶老於漁者遽進曰不可吾嘗聞龜蟹之殊類甚者必江湖之使也烹之不祥乃從而釋之蟹至水而横行里許方沒

貪化

神宗朝有大臣趙氏者（名某）雖於國功高然其性貪墨私門子弟苞苴上特優容之一日因錫宴上召伶官使諭己意伶者乃變易爲十五郎姓旁因命釣者俄

一人持竿而至遂於盤中引一蟹十五郎見而驚曰好手脚長我欲烹汝又念汝是同姓且釋汝翌日遺果出鎮近輔

採捕

今之採捕者於大江浦間承峻流環緯籬而障之其名曰斷（音鍛）於陂塘小溝港處則皆穴沮洳而居居人盤黑金作鉤狀置之竿首自探之夜則燃火以照咸附明而至焉（若魚以餌而釣之）

泉比

煮茶之法視其泉若蟹目然魚鱗然第一法

兵證

吳俗有蝦荒蟹亂之語蓋取其被堅執鋭歲或暴至則鄉人用以爲兵證也

貢評

國家貢品貫於遠方者蛤蜊亦貢焉獨蟹不貢議者以爲貢不貢固有差品予謂非也蛤蜊止生於海涘邇京州郡無有也故須上供螃蟹盛育於濟鄆商人輦負軌跡相繼所聚之多不減於江淮奚煩遠貢哉

予嘗見監御厨王染院云御食經中亦有煮蟹法但不常御錫命則進耳非謂無錄而不在貢品

風蟲

蟹之腹有風蟲狀如木鱉子而小色白大發風毒食者宜去之

鬱洲

江浙諸郡皆出蟹而蘇尤多蘇之五邑婁縣爲美即崑山也婁縣之中生鬱洲吳塘者又特肥大鬱洲即孫恩所保之地

食品

北人以蟹生析之酤以鹽梅芼以椒橙盥手畢即可食目爲洗手蟹

恠狀

吳沈氏子食蟹得背殼若鬼狀者眉目口鼻分布明白常寶翫之

斷弊

蟹至秋冬之交即自江順流而歸諸海蘇之人擇其江浦峻流處編簾以障之若犬牙焉致水不疾歸而蔵常苦其患者有由然也雖州符遺卒俾令棄毀而

吏民萬端終不可禁羅江東云蛟蜃之爲害也則絕流不顧漁人之鉤綱噫水之病吳久矣又非蛟蜃之比絕流顧綱其才識固自有小大哉長民者能推而不疑亦豐歲一助也

蟹杯

其斗之大者匡一名斗漁人或用以酌酒謂之蟹杯亦訶陵雲螺之流也阿陵酒樽用鼊魚殼謂之澁鋒蠏角內玄外黃松陵集海南人目螺之有文者曰雲螺亦用以酌酒

今音

藝祖時嘗遣使至江表宋齊丘送于郊次酒行語熟使者啓令曰須啗二物各取南北所尚復以二物仍互用南北俚語使者曰先喫鱸魚又喫旁蠏一似拈蛇弄蝎齊丘繼聲曰先吃乳酪後喫喬團一似噇膿灌血時朝廷方草創用度不給倚江表爲外府故齊丘及之左右以含逼使之太甚相顧失色使者雅嘆焉故歸朝而間行

蟹戶

錢氏間置魚戶蟹戶專掌捕魚蟹若今台之蟹戶時

戶牖之漆戶比也

兵權

出師下砦之際忽見蟹則當呼爲横行介士權以安衆

蟹征

按周禮獻人職掌漁征入于玉府者貴其鬚骨之用以飾器物也今魚雖鯤鰤以至蝦蟹悉立征稅之目非若古人取鬚骨之意也二浙運使沈公立以歲征旋奏罷之議者謂其識體

螺化

海中有小螺以其味辛謂之辣螺可食至二三月間多化為蟚蜞今人有得蟚蜞半成而尚留殼中者此其證也近青龍鎮居民於江塗中得蟹蟚蜞俱脫其甲若初彼為堅及熟烹去殼則將化為蟬矣噫物之變化萬狀固不可究詰今觀蟬之首腹屢與蟹相類誠亦有是故慮驚俗又非予之所親見故附錄之

食珍

凡潜蟹用茱萸一粒置臍中經歲不沙

蟹淚

濟運居人夜則執火於水濵紛然而集謂之蟹浪

酒蟹

酒蟹須十二月間作於酒甕間撇清酒不得近糟和鹽浸蟹一宿却取出於釜中去其糞穢重實椒鹽訖疊淨器中取前所浸鹽酒更入少新撇者同煎一沸以別器盛之隔宿候冷傾蟹中須令滿甕蚓亦可依此法二三月間止用生乾煮酒

白蟹

秀州華亭縣出於三泖者最佳生於通陂塘者特大

蟹譜下篇

故鄉人呼爲泖蟹又亭林湖近顧野王宅鄉人亦號爲顧亭林於天聖末呼生白蟹即海中所生蟹是也但蟹不生於淡水今忽有因號白蟹瀕江之人以價倍常靡有孑遺止一年而種絕

盪浦搖江

吳人於港浦間用篙引小舟沉鐵脚綱以取之謂之盪浦於江側相對引兩舟中間施綱搖小舟徐行謂之搖江上接斷下接於陂塘

紀賦詠

蟹志見陸龜蒙集

中蹤外撓兮冠帶之徂 陸龜蒙賦

蟹奴晴上臨湘檻燕婢秋隨過海船 皮日休

蟹因霜重金膏溢橘爲風多玉腦圓

二螯或把持 杜子美

亥日饒蝦蟹 白樂天

病中有人惠海蟹轉寄魯望 皮日休

緋甲青筐染落衣島夷初寄北人時離居定有石帆覺失伴唯應海月知族類分明連瑣蛣 瑣蛣似小蚌有一小蟹在腹中蛣出求食故淮海之人呼爲蟹奴 形容好個似蟛蜞病中無用雙

蟹譜下編

螯處寄與夫君左手持

訓襲美見寄海蟹　陸龜蒙

樂盃應阻蟹螯香却乞江邊採捕郎自是揚雄知郭索太玄經云蟹之郭索且非何胤敢悵餭何胤侈於食味稍欲去其甚者猶有䱇腊

糟蟹骨清猶似含春靄沫白還疑帶海霜強作南朝風雅客夜來偷醉早梅傍

蟹略

蟹略

四卷

〔宋〕高似孫　修

清抄本

蟹畧序

步兵歌鱸鱠之飛聲都官擊節河豚河豚亦大加隽物之爲物人也非物也蟹弗逢畢吏部安得同其快且豪黄太史不接其風流又安知其風味之高耶嗚呼人之懷峻特挺英奇固大有不相能者况物乎然太史以為也知㲉觫元無罪柰此樽前風味何固已念枉勝殘而去殺矣惟鍾屹之所以爲何嗣徹戒者特曰蟹之將糖躁擾彌甚仁人用意深懷惻怛嗚呼仁哉余讀

傅肱蟹譜惜其徵録大畧以爲加集以廣見聞非有志於饕且忍也表其首曰蟹䇲嘉定四年四月二十日似孫

蟹畧目録

蟹畧卷一

高氏似孫修

郭索傳

太玄經鋭之初一曰蟹之郭索後蚓黄泉測曰蟹之郭索心不一也范明叔曰郭索多足貌司馬公曰荀子曰蚓無爪牙之利筋骨之強下飲黄泉用心一也蟹六跪而二螯用心躁也劉貢父蟹詩後蚓智不足杜詩草泥行郭索雲木叫鉤輈陸龜蒙詩自是楊雄知郭索且非何嗣敢餦餭黄太史

詩朝泥看郭索暮鼎調酸辛又詩黄泥本自行郭索玉人爲開桃李顔毛友詩沙頭郭索衆横行豈料身歸五鼎烹陸放翁詩未嘗鱠喁噞況敢烹郭索曾裘父詩好事不知誰爾汝能令郭索到樽前踈寮詩硯濕春鋤雨鑪腥郭索泥

郭索字介夫皮日休龍潭詩左右擁介臣縱横守鱗卒四字太奇故日介夫李方叔作趙德麟德隅堂畫品其一日武洞清所三界朝元圖下有水神不朝腰間揷一蟹足沙文其滑稽因書于此觀者必一笑系生於吴越江淮間孳種光盛而在松陵苕霅間者雋秀特傑有聲名蓋孕氣

儲精上應辰次而羲翁之畫義取諸離至漢揚雄氏草太玄經獨推稱之性耿介不受攖觸外甚剛果若奮矛甲中實柔脆殊無他腸人皆愛之稱其爲無腸公子歲至西風高霜深月峭嘉穀登實之秋更甚得志至采雙穗以朝其宗是爲智且義者至若風味開爽如老於騷者而世欲樂而食之不亦愚且昧乎惟畢茂世與之狎最爲相知者陸龜蒙黃太史更能知其可嘉相與擊節於酒盃筆硯中其他騷人墨客固多推

尚未有如二三公之心相知者他支不一曰蚌
曰蟳往往過美如樂於甘佚而畧不通騷者又
有蜞蝟輩皆六六公陋幾草茅寠人不足道矣
惟介夫有稜韻有風豪幾於直而溫寛而栗亦
一代之雄天下之奇乎贊曰
畢茂世有云左手持蟹螯右手持酒盃拍浮酒
池中豈不了一生平晉春秋曰畢卓字茂世云
云郭子曰一手持蟹螯一手持酒盃拍浮酒池
中可了一生哉

蟹原

易說卦曰離爲蟹孔頴達疏曰取其剛在外

禮記月令曰季秋行冬令介蟲爲妖注曰後漢五行志丑爲蟹

鼈蟹

月令章句曰介者甲也蟹之屬

大戴禮曰甲蟲三百六十神龜爲之長蟹亦蟲之一

廣雅曰蟹蚭音尼也其雄曰蜋螘其雌曰轉帶玉篇

作蜋

蟹象

陳藏器本草伊洛中蟹形狀不同孟詵曰形狀雖惡食甚宜人皮日休蟹詩形容好箇似蠏蜞黃太史蟹詩形模終入婦女笑令表之曰蟹象

匡箱

禮記曰蠶則績而蟹有匡任昉述異記曰騰嶼之南溪淡水清有蟹焉匡大如笠皮日休蟹詩紺甲青匡染落衣島夷初寄北人時錢起詩漫把樽中物無人啄蟹匡張文潛詩匡實黃金重螯肥白玉香齊唐詩歲貴波熬素時珎蟹有箱

箱即匡也

甲　殼　斗

甲匡也宋元憲詩露夕梨津飽霜天蟹甲肥宋景文蟹詩楚人故使裹留甲齊客何妨死願烹韋甫詩殼重貯黃金螯肥擘香玉踈寮詩魚帶淞江月盈年雋處依稀開蟹斗

膏

嶺表録異曰蟹殼內有黃赤膏皮日休詩蟹因霜重金膏溢橘爲風多玉腦圓梅聖俞詩滿腹

紅膏肥似髓貯盤青殼大於盃陶商翁詩黃柑鱸鱠金膏蟹使我秋風未拂衣又詩紫蟹膏應滿丹楓葉未凋

臍

廣韻曰蠐蟹腹下蠐即臍也黃太史詩三歲在河外霜臍常食新又詩想見霜臍當大嚼夢回雪蠐摩山圍玉竦寮糟蟹詩烹不能鳴渠幸生含糊終作醉鄉行裂臍已腐人誰照折股猶腥犬謾爭李商老詩霜臍貴抱黃雀醢誇挾纊韓

子蒼詩先生便腹惟思睡不用殷勤設小團謝幼槃詩分付廚人若見嬾十臍元有九臍尖胡澹翁詩如今竹閣多清興紫蟹尖團不數蝦陸放翁詩傳方那鮮烹羊脚破戒猶慙擘蟹臍章甫詩呼兒破團臍進此盃中緑踈寮詩僧釜菘分甲漁篝蟹鬪臍

二螯

大戴禮曰二螯八足孝經援神契曰蟹二螯兩端傍行注曰螯猶兵也小蟲而傾兩端自衛故

使傍行玉篇曰蟹二螯八足荀子曰蟹六跪二螯注曰跪足也蟹皆八足許慎說文曰蟹六足二螯者也本草圖經曰六足者名跪四足者名蚩吴筠詩所以傾家釀為君一斛螯許渾詩蟹螯只恐相如渴鱸鱠應防曼倩饑東坡詩對飲持雙螯酒酣箕踞坐陳純益詩謾憶蓴千里先嘗蟹二螯王元之詩揩牀難死慚龜殼把酒狂歌憶蟹螯毛友詩長安酒苦貴蟹初劈着霜用劈字良奇外無人用也李商老詩不知底事真

奇語且向樽前嚼二螯陸放翁詩染丹梨半頰斫雪蟹雙螯又詩兩螯何鼎蟹衷軀一臠可憐牛衷領踈寮詩有挂叢生須讓菊爲鱸歸去也輸螯

爪

本草經曰蟹爪破墮胎

目

博物志曰蟹目相向者毒尤甚又有赤目者有獨目者皆不可食黄太史詩怒目橫行與虎爭

寒沙奔火禍胎成

無腸

抱朴子曰山中無腸公子者蟹也一本作無腹混俗頤生論奐無氣蟹無腹禀氣不足不可多食顧況曰螟蛉之子蝦目蟹腹即即周周兩不相掩此之謂體異而氣同梅聖俞詩定知有口能嘘沫休說無腸便畏雷曾文清詩麴生有味深留我公子無腸極可人陸放翁蟹詩舊交髯簿久相忘公子相從獨味長醉死糟丘終不悔

看来端的是無腸章甫詩公子雖無腸心躁行亦遲

心躁

大戴禮曰蟹二螯八足非蟺之穴無所寄託者心躁也荀子同陸龜蒙賦曰中躁外撓兮熸炮之蟹陳簡齊詩但見橫行疑是躁不知公子實無腸呂居仁詩竹間新筍大如椽樹頭黃耳肥於肉亦不見蟹躁擾亦不見牛觳觫此亦是蟹箴

香

陸龜蒙詩藥盃應阻蟹螯香却乞江邊採捕郎

宋景文公詩繪縷薦盤鯿項縮酒盃行筴蟹螯

香又詩爲尋劉白高吟地酒熟螯香左右持張

文潛詩匡實黃金重螯肥白玉香蔣頳叔淞江

詩秀蹙青螺髻香持白蟹螯踈寮詩小山花落

渠如別右手螯香我欠肥

沫

陸龜蒙蟹詩骨清猶似含春靄沫白還疑帶海

霜梅聖俞詩定知有口能噓沫休說無心便畏雷黃太史詩序曰得蟹數枚吐沫相濡

肥

林和靖詩水痕秋落蟹螯肥閑過黃公酒食歸宋元憲詩露夕梨津飽霜天蟹甲肥蘇欒城詩蟹肥螯正滿石破髓初堅顧臨詩如逢公釀年來富鬭虎匡螯稻正肥黃太史詩用之酌蘇李蟹肥杜醅熟俞紫芝詩莫怪野人輕宿住白蘋霜落蟹螯肥齊唐詩身閑婚嫁畢秋老蟹螯肥

滕甫詩主人留客醉酒美蟹螯肥陸放翁詩村場酒薄何妨醉菰米堪烹蟹正肥疎寮詩菊報酒初熟橙催蟹又肥

性味

本草曰蟹性寒味鹹孟詵曰蟹子散諸熱日華子曰蟹性涼張文潛詩中炎若逢蟹其快如氷霜疎寮蟹詩江空蟹急窖於蒐滿腹清涼做盡秋幾與此合

風味

惟黃太史稱其味孟詵曰能去五臓中煩悶氣此句絕奇陸龜蒙又

稱其骨清有旨哉

黃太史蟹詩形模雖入婦女笑風味可解壯士顏又詩不比二螯風味好那堪把酒對江山又詩也知觳觫元無罪奈此樽前風味何又詩趨蹌雖入笑風味極可人章甫蟹詩那知風味美以此遭縛辱踈寮詩有魚有蟹美如玉胡不醉呼黃鶴樓有用美字又詩有晉風姿如此蟹箇箇能食無能解

仄行

本草經曰蟹足節屈曲行則傍横鄭康成周禮注曰蟲有仄行者蟹屬也偶賈公彦周禮疏曰今之螃蟹以其仄行也孝經緯曰蟹兩端傍行者也黄太史詩横行葭葦中不自貴其身強至蟹詩横行竟何從躁心固己息陸放翁詩堪思妄想緣香餌尚想横行向草泥

走

周禮大司樂注曰蟹走則遲踈寮詩蟹遁迫衆隟鶴饞拳兩階

朝魁

陸龜蒙蟹志曰執穗以朝其魁孟詵本草曰蟹至八月即啗芒兩莖長寸許東向至海輸海王之所接山海經大蟹在海中有大可十里者又曰女丑有大蟹十里玄中記曰天下之大物北海之蟹舉一螯能加於山身故在水中豈所謂魁而王乎謝幼槃詩誰能不累口腹事莫趁秋風嚼稻芒章甫詩江淮九月時輸海稻盈腹

一 治療

邪氣　熱結痛　喎癖　面腫

解結　散血　疽瘡以黄塗之　漆瘡

養筋　益氣　殺莨菪毒

解鱔毒蟹鱔類也　疥瘡折傷之

金瘡螯黄内瘡中　斷絶筋骨取蟹中髓及腦

與黄微熬内瘡中自然連續

謝幼槃詩推髓方嬿太瘦生

治瘧

沈存中筆談曰關中無螃蟹土人惡其形狀以

爲怪物秦州人家収得一乾蟹有病瘧者則借

去懸門上往往遂差不但人不識鬼亦不識曾文清食蟹詩橫行足使斑寅懼乾死能令瘧鬼亾

食忌

赤目者不可食　獨目者不可食　兩目相向者不可食　四足者不可食　姙者不可食

毒

陶隱居曰蟹未被霜者甚有毒（被霜二字詩才也）以其食水茛也人中之不療而死至八月腹有稻芒

食之無毒博物志曰秋蟹毒者無藥可療目相向者尤甚本草曰蟹性寒有毒治毒之法用大黃紫蘇冬瓜汁出食忌張文潛詩世言蟹毒甚過食風乃乘謝幼槃詩有國常憂以味亡須知有毒味中藏曾裘父詩甘飡不美鴆毒終非可戒章甫詩江淮九月時輸海稻盈腹紛紛來入市衆口誇無毒

蠏畧卷之一

凡十三紙

蟹畧卷之二

高氏似孫修

蟹鄉

蟹澤

本草圖經曰蟹生伊洛池澤中注曰淮海京東河北陂澤中多有之

蟹浦

南齊建武四年崔慧景作亂到都下克單馬至蟹浦投漁人陸龜蒙蟹志曰漁捕於江浦間陸

放翁詩令朝有奇事江浦得霜螯

蟹洲

吳志曰蘇最多蟹欝洲者尤肥大

蟹浪

吳人夜執火於水濵紛然而集謂之蟹浪

蟹穴

大戴禮曰蟹非鱣之穴而無所寄託者心躁也

荀子曰蟹非蛇鱣之穴無無所寄託強至墨蟹

詩初自鱣穴來猶帶浮泥黒毛友詩身綴鵷鸞

集鳳池夢尋麋鹿遊蟹堁唐韻臼堀堁壓起貌

蟹窟

梅聖俞詩肥大窟深淵曷虞遭食啄

蟹舍

張志和漁父詩淞江蟹舍蘆花邊蘇庠淞江詩東隣蟹舍如着我已辦蓑笠懸牛衣張徽之淞江詩蕭蕭蘆葦黃蟹舍何瀟灑陸放翁詩數椽蟹舍償初志九陌塵衣洗舊痕又詩洞庭八萬四千頃蟹舍正對蘆花洲

蟹具

淞江有漁具圖本草圖經曰南方人捕蟹差早王維爲人作捕魚圖今之捕蟹良佳陸龜蒙詩却乞江邊採捕郎

蟹籪

陸龜蒙蟹志曰今之採捕於江浦間承峻流葦蕭而障之其名曰籪廣五形記曰元嘉中富陽民作蟹籪司馬溫公詩稻肥初籪蟹桑密不通鴉金嘉謨魚籪詩芒葦織簾箔橫當湖水秋寄言魚與蟹機穽在中流陸放翁詩水落枯萍粘蟹椵踈簝詩籪頭蟹大須都買篘下醪香且竟

酣

蟹簾

吳越之人取蟹編簾以障謂之蟹簾石守道淞江賦曰小巢㯭罾之所施陸龜蒙迎潮辭曰鷗巢卑兮魚箔短黄太史賦曰聊生涯於蒂竹即陸氏所謂蒂簫也

蟹扈

扈業亦如簾陸龜漁具詩序曰倒竹於澨曰滬其詩曰萬植禦洪波半　隨潮落石處道淞江

賦曰篆簄笱筞以森布罶罾罛罟以交曳踈寮詩水生奔蟹簄樹雜蔭魚牀又詩明夜定依漁父宿簄頭呼蟹碧丸丸

蟹篝

篝者以竹爲簍上接籪簾者也陸龜蒙曰笱即篝也踈寮詩自攜筆具呼西舟好風吹蟹歸魚篝

蟹籮

纂文曰取蟹者曰籮

蟹網

吳人引舟取蟹沉鐵脚網謂之蕩浦又引徐行兩舟中間施網謂之揺江黄太史詩誰憐一網盡大去河北民

蟹釣

梅聖俞蟹詩老蟹飽經霜紫膏青石殼肥大窟深淵曷虞遭食啄香餌與長絲下沉寧自覺未免利者求潛潭不爲邈又詩霜蟹肥可釣水鱗活堪斫

蟹火

吳人取魚執火而攻之蟹則易集黃太史詩憶觀淮南夜火攻不及晨又詩怒目橫行與虎爭寒沙奔火禍胎成

蟹戶

錢氏治杭越置魚戶蟹戶劉禹錫詩宛洛魚書至江村鴈戶歸用鴈戶亦奇少有人用此惟晏元獻詩曰白草沙長多鴈戶黃榆闕逈絶狼煙

蟹品

洛蟹

本草圖經曰蟹生伊洛池澤中注曰伊洛蟹極難得今淮海京東河北陂澤中多有之沈存中筆談曰關中無蟹

吳蟹

羅處約蘇州圖經其敘蟲魚蟹居其末可爲無風度之甚況大欠表章乎姑蘇婁縣即崑山也有蟹吳塘蟹特肥大蟹洲者孫恩所保之地石處道淞江賦曰魚則蟹鼈蝦螺杜牧詩越浦黃

柑嫩吳溪紫蟹肥梅聖俞詩幸與陸機還往熟
每分吳味不嫌猜陸放翁詩團臍磊落吳江蟹
縮項輪囷漢水鯿又詩細肋新沙來左輔巨螯
斫雪出東吳章甫詩吳淞魚蟹熟安穩泛江流

越蟹

宋景文公越蟹丹螯美吳蓴紫線縈謝景初詩
越俗嗜海物鱗介每一遺蝦䗲味已厚况乃蟹
與蜞張祐歸越詩好老寧雞口加餐及蟹螯

楚蟹

蘇欒城詩楚蟹吳柑初着霜梁園高酒試羔羊

韓子蒼蟹詩饞涎不避吳儂笑香稻魚償楚客

滄章甫詩乃知楚人饞不待秋霜熟

淮蟹

梅聖俞詩淮南秋物盛稻熟蟹正肥黄太史蟹

詩憶觀淮南夜火攻不及晨張文潜詩遥憐漣

水蟹九月已經霜

江蟹

許渾詩江上蟹螯沙渺渺隖中蝸殼雪漫漫宋

景文公詩秋水江南紫蟹生寄来千里佐尊羹
梅聖俞詩年年收稻買江蟹二月得從何處來
陸放翁詩山暖已無梅可折江清獨有蟹堪持
注曰蜀中惟嘉州有蟹又詩今朝有奇事江浦
得霜螯

湖蟹

淞苕之蟹太湖蟹也陸放翁詩尚無千里蓴那
有鏡湖蟹又詩團臍霜蟹四腮鱸尊俎芳鮮十
載無塞月征塵身萬里夢魂也復到西湖西湖

蟹稱天下第一又詩久厭羶葷愁下筯眼前湖上得雙螯

溪蟹

吳興志曰九月間溪蟹大如盌極稱美張籍詩越嶺黃柑嫩吳溪紫蟹肥東坡詩溪邊石蟹小如錢喜見輪囷至玉盤李商老詩溪友提攜紫蟹肥形模郭索就羈縻疎寮詩山梅能摘索溪蟹更清癯不言肥而言癯可表溪蟹之雋又詩蟹生溪味爽梅報野香疎

潭蟹
陶商翁詩遠草牛羊動暗潭蝦蟹明
渚蟹
宋景文詩晨杯鬭鼓江蓴滑夕俎供糖渚蟹肥
泖蟹
三泖屬華亭蟹大而美人呼爲泖蟹
水中蟹
晉觧系與趙倫同討叛羌後倫以憾收系兄弟
梁王彤救之倫曰我於水中見蟹且惡況此人

輕我耶遂害之莊子秋水篇公子牟曰子獨不聞夫井底之鼃乎謂東海之鼈曰吾樂與與爾跳梁乎井幹之上入休乎缺甃之崖赴水則接掖持頤股泥則沒足滅跗還虷蚌與科斗莫吾能若也本草圖經曰蟹生諸水中取無時曾裘父詩遠及水中蟹直以投菹醢謝幼槃詩論功直與酒盃同何事生涯在水中

石蟹

本草圖經曰伊洛水中有石蟹東坡詩溪邊石蟹小如錢曾文清詩斫雪流膏乃如許也容石蟹趁時新踈寮詩翠蘺茗影亂蟹過石陰空又

詩秋蘭臨澗活石蟹帶霜饑又詩蟹遨離鏬石

翠狎跂枯蓮又詩沙清幽蟹露樹蔚野禽留僧

頤詩石凉幽蟹過枝脆雨蟬休幽蟹二字良佳

潮蟹

陸放翁詩潮壯知多蟹霜遲不換[illegible]

新蟹

温公詩鴈隨斜柱絃隨指蟹薦新螯酒滿船陸

放翁詩鮮鱸出網重兼斤新蟹登盤大盈尺又

詩啄黍黄雞嫩迎霜紫蟹新又詩溪女留新蟹

園公餉晩瓜又詩輪囷新蟹黄欲满磊落香橙緑堪摘又詩半榼浮蛆初試釀兩螯斫雪又甞新

早蟹

本草圖經曰今南方人捕蟹差早蘇欒城詩曰白魚紫蟹早霜前有酒何須問聖賢張耒詩早蟹肥堪薦村醪濁可斟

老蟹

梅聖俞詩老蠏飽經霜紫螯青石殼又詩秋葉

蕭蕭蟹應老憶昔共歸江上初踈寮詩相次西風吹蟹老眼前且作鱠殘圖又詩大川足鳧鴈蟹老魚亦老又詩菊報香篘熟橙催宿蟹肥宿字亦前人未用

螃蟹

吳興志曰十月雄闘大蟲謂蟹大而有力亦曰螃蟹周禮疏曰祭器以螃蠏爲飾施於祭川者也又曰令之螃蠏其仄行也日華子曰螃蠏涼涼字宜入詩元微之詩池清漉螃蠏爪蠹拾蝦

蟇毛友謝送螃蠏詩沙頭郭索衆橫行豈料身歸五鼎烹

毛蟹

海物志曰螃蠏曰毛蟹

活蟹

梅聖俞有答吳正仲送活蟹詩 詩見四卷中

春蟹

梅聖俞詩年年收稻買江蟹二月得從何處來

夏蟹

吳越人採夏蟹曰蘆根蟹謂止食茭蘆根也陶
商翁詩蘆根紫蟹團臍少楓葉青鯿縮項来章
甫詩今朝忽至前郭索當炎伏乃知楚人饞不
待秋霜熟踈寮詩夏蟹新中食初菘脆入虀

秋蟹

林和靖詩水痕秋落蟹螯肥閑過黃公酒食歸
宋景文公詩秋水江南紫蟹生梅聖俞詩秋来
魚蟹不知數秋葉蕭蕭蟹應老齊唐詩身閑婚
嫁畢秋晚蟹螯肥趙潼垂虹亭詩露垂曉橘金

九重霜飽秋螯玉股肥踈寮詩不是桂菊蟹如何能好秋

霜蟹

宋景文詩秋蓴末下豉霜蟹恣持螯梅聖俞詩欲攬螯白帽酒壺及霜螯又詩老蟹飽經霜紫螯青石殼劉貢父詩霜蟹人人得春醪盎盎浮蘇欒城詩黃花簇短籬霜蟹正堪持又詩勝處舊聞荷覆水此行猶及蟹經霜又詩風高熊正白霜落蟹初肥謝民師詩秋風鱠鱸縩霜月持

蟹螯俞紫芝詩莫怪野人經宿住白蘋霜落蟹肥螯陸放翁詩霜蟹薦肥螯絲蓴小添豉

稻蟹

彭器資詩玉粒稻初熟霜螯蟹正肥強至詩溆根檣烏急吳霜稻蟹肥又詩木奴競熟饒千樹稻蟹初肥嗜二螯陸放翁詩稻蟹中盡海氣秋後空

樂蟹

吳人以稻秋蟹食既足腹芒朝江爲樂蟹

冬蟹

月令曰季冬行秋令介蟲爲妖注曰五爲鼈蟹

孫眞人月令曰十二月勿食蟹傷神陸龜蒙詩

強作南朝風雅客夜来偷醉早梅傍陸放翁食

蟹詩東崦夜来梅已動一樽芳醖竟湏携與大

陸意同則是冬持螯矣

燈蟹

吳越及中都以上元時蟹爲貴謂之燈蟹踈寮

詩風流誇老蟹拚命看元宵

大蟹

震澤漁得蟹大如斗老漁曰鼇蟹之殊常者必江湖之使烹之不祥乃縱之横行水面一里方没陸放翁詩蟹束寒蒲大盈尺鱸穿細柳重兼斤

尺蟹

陸放翁詩紫蟹迎霜徑一尺白魚脱水重兼斤又詩一尺輪囷霜蟹美十分瀲灧杜醅香又詩白鵞作鮓天下無潯陽糖蟹一尺餘蹠寮詩硯

八百年令懶進蟹一尺大何能烹又詩壯盈尺
大貪持蟹黄十分香憐破橙

斤蟹

吳人以蟹及斤者爲奇陸放翁詩黄柑磊落圍
三寸尺蟹輪国可一斤

箇蟹

食療曰八月前每箇蟹腹中稻穀一顆輸海神
遇八月即好經霜更美

子蟹

海物志曰蟹之有子者曰子蟹孟詵曰蟹子散
諸熱

紫蟹

李邦直詩紫蟹黄柑新酒熟夜闌船尾唱伊州
張文潛詩黄柑紫蟹見江梅紅稻白魚飽兒女
又詩秋風五千里碧蕨魚紫蟹東坡詩紫蟹鱸
魚賤如土得錢相付何曾數裴若訥詩漁人借
問去何處白酒香甜紫蟹肥趙令時詩紫蟹黄
橙知有思天教出向夜凉時疎寮詩月洗黄蘆

雪天生紫蟹秋

健蟹

黄太史詩螳臂怒兮專車蟹螯強兮鬬虎曾文清詩橫行足使斑寅懼乾死能令瘧鬼亡陸放翁詩芋肥一本可專車蟹壯兩螯堪敵虎踈寮詩鴈愁奔薦菊蟹健敵新醪又詩蟹與人同健詩如酒怕陳又詩笑逼花皆立騷添蟹越遒又詩最覺黄花如有意却憐豪蟹欲相踈用遒字豪字強於健字又詩沙空禽逸蟹泉熟煑寒青

逸字亦未經用又詩菊纔重九破蟹却十分遨
遨字又佳於逸字

生蟹

濟衆方曰小兒頭顱不合用生蟹足骨擣傅

魚蟹

陸龜蒙詩直至葭菼少歌言魚蟹肥黃亞夫詩
菱芡與魚蟹居人足未不東坡詞漁父飲誰家
去魚蟹一時分付蘇欒城詩飲食從魚蟹封疆
入牛斗吕居仁詩連年湖海病未免魚蟹罰陳

璹詩活計魚蝦蟹此事屬漁舟踈寮詩迴舟指淞江徑奔魚蟹海

蝦蟹 蝦亦六跪兩螯

虞預會稽典録曰吞舟之魚不啗蝦蟹東坡詩一魚中刄萬魚驚蝦蟹奔忙誤跳躑胡澹翁詩鮭魚還抵店蝦蟹不論錢

蟹占

蟹宫

天文録曰十二星有巨蟹宫黄太史詩雖居天

上三辰次未免人間五鼎烹陸放翁詩魚長三尺催鱠玉蟹巨兩螯仍斫雪用巨蟹本乎此良佳

蟹日

白樂天詩亥日饒蝦蟹寅年足豹貔又曰寅年籬下多逢豹亥日沙頭始買魚又曰亥市魚鹽聚神林皷笛鳴亥市二字尤佳

蟹灾

月令曰季冬行秋令介蟲爲妖注曰丑爲鼈蟹

軍畧灾篇曰地忽生蟹當急遷砦栅不遷將亾廣五行記曰軍行地無故生蟹砦宜急移魚蟹之類水失其性則有此孽抱朴子曰兵地生蟹者宜急移軍太乙右玉帳之中不可攻也

蟹食

國語曰越王問范蠡曰令吴稻蟹食不遺種伐其可乎搜神記晉太康中會稽郡蟹皆爲鼠食稻陶隱居曰蟹食水莨有節陶商翁詩注曰蘆根與稻蟹之所食

蟹漆

淮南子曰磁石引針蟹脂敗漆注曰置蟹漆中則漆敗也抱朴子曰蟹之化漆麻之壞酒不可以理推也博物志曰蟹漆相合成水陶隱居曰投蟹漆中化爲水飲之長生又見神仙服食方

蟹鼠

淮南萬畢術曰燒蟹致鼠淮南子曰釋大道而任小數無以異于蟹捕鼠蟾蜍捕蚤注曰以火灼蟹匡上内置穴中乃熱足走窮穴能捕二鼠

又曰使蟹捕鼠必不得劉貢父蟹詩捕鼠功豈
具謝幼槃𩸑詩焚臍未用集鼠輩椎髓方嫵太
瘦生

蟹亂

吳語曰蝦荒蟹亂

蠻書卷之二

凡十七紙

蟹畧卷之三

高氏似孫修

蟹貢

獻蟹

汲冡周書王會篇曰成帝時海陽獻蟹

供蟹

劉聰以襄陵王攄坐魚蟹不供被誅

貢蟹

韓子蒼糖蟹詩注曰舊説平原歲貢糖蟹黄太

史蟹詩誰知揚州貢此物真絕倫

登蟹

陳克詩小楫登魚蟹平原聚鳥烏

禁蟹　取蟹

本草曰蟹取無時三國典畧曰齊王禁取蟹蛤之類惟許捕魚沈立爲兩浙漕奏罷魚蟹之征

孝蟹

田彦升奉母孝嗜蟹遠市於蘇雲之間熟之以歸楊行密將田頵兵暴至人皆竄避餒死獨彦

升挈囊負毋竟以蟹免時以爲孝䝭古者有孝魚有孝筍有孝泉今表以孝蟹云

遺蟹

張敞集朱登爲東海相遺敞蟹䝭書曰蘧伯玉受孔子之賜必及鄉老敞謹分斯貺于尊行者何敢獨烹之梅聖俞詩姚江遺魚蟹稽山奉筍蕨

送蟹

梅聖俞謝人送蟹詩幸與陸機還往熟每分吳

味不嫌猜曾裘父蟹詩故人憐我貧走送不待
買陸放翁詩客送輪囷霜後蟹僧分磊落社中
葷

買蟹

梅聖俞詩年年收稻買江蟹三月得從何處来
踈寮詩多買潮来蟹催烹帶得魚

烹蟹

張敞以蟹分于尊者不敢獨烹梅聖俞詩邀飲
奉醪醴案杯烹蟹螯王初寮糟蟹詩烹不能鳴

渠幸生含糊終作醉　卿行韓子蒼蟹詩海上奇烹不計錢枉教陋質上金盤踈寮詩近澗取曰水初篘烹石蟹

煮蟹

御食經有煮蟹法諺曰百無使解燒湯煮蟹謝幼槃蟹詩不使落湯頻下筯正此謂也陶商翁詩落成序嘉賓煮蟹膾溪鱸踈寮詩天差鶴管烹茶水風夾花吹煮蟹煙

熟蟹

田彦升毋嗜蟹彦升至孝遠市於蘇湖間熟之以歸陶商翁詩蟹螯紅熟鯔魚活此與重来未有時

斫蟹

東坡詩半殼含黃宜點酒兩螯斫雪勸加餐陸放翁詩披綿黃雀麴糝羹斫雪紫蟹柑橙香

持蟹

皮日休詩病中元用雙螯處寄與夫君左手持宋元憲詩左手螯初美東籬菊向開宋景文公

詩下箸未休資快嚼持螯有味散朝酲又詩蟹
味持螯日舫甘栁鮓天晏元獻詩蟹螯今在左
顧柏酒池浮王歧公詩誰共危樓湊爽氣右持
樽酒左持螯東坡詩主人有酒君獨辛蟹螯何
不左手持又詩定煩左手持新蟹謾繞東籬嗅
落英汪彥章詩寒無蟹螯持猶覺非故園謝幼
槃詩相逢竟欲攜家釀莫厭尊前持蟹螯李商
老詩却笑思鱸鱠應須持蟹螯陸放翁詩有口
但可讀離騷有手但可持蟹螯此二句英絶括

盡諸人之作蟹惟可與螯並言有騷者必以予言爲快也謝孝廉詩秋風鱠鱸絲霜日持蟹螯踈寮詩蟹纔逢畢卓酒不了劉伶又詩小山花落渠如别右手螯香我欠肥又詩折得花相伴消渠酒拍浮又詩未較剪初韮全如持左螯又詩鴈老已忘蘇武節蟹危猶愛畢郎奇此方是用事可以擀群作矣

把蟹

杜詩二螯堪把持晏元獻詩未暇南浮海何妨

右把螯宋景文對把蟹螯何處酒橙虀蓴菜此
時羹蘇魏公詩盤豐介象膾手把畢生螯東坡
詩書空漸覺新詩健把蟹行看樂事全汪彥章
章詩左手蟹螯行可把新醅早晚定堪醉黃太
史詩此中亦有無弦意相對樽前把蟹螯齊唐
詩春波弛上擔琴薦秋月桐陰把蟹螯呂居仁
詩漸須把蟹螯慎莫貸雞肋陸放翁詩何由共
杯酒把螯擘黃柑

擘蟹

陸龜蒙詩相逢便倚蕉葭宿更唱菱歌擘蟹
范忠宣公詩堆盤白玉鱸魚美手擘黃金蟹殼
肥陸放翁詩尖團擘霜蟹丹漆飣山梨又詩蟹
黃暫擘饞涎墮酒淥初傾老眼明又詩挑燈剩
欲開書帙擘蟹時須近酒船

啖蟹　食蟹

蔡謨渡江不識蟛蜞以為蟹而啖之梅聖俞詩
食蟹易美　擿佐酒柑佐醉

蟹饌　本草圖經曰今人以蟹為食品之佳味佳味二字良佳此彙聊以存古非

有意於饌也序曰蟹箴其此義乎然昌黎聯句有曰楚臠鞸鮪亂猿羞螺蟹并以爲猿羞則宛矣元微之詩官醪半清濁夷饌雜腥羶夷饌即猿羞也至若何曾有食跡弘君有食撤皆不可以爲法

糖蟹　洗手蟹　酒蟹

黃太史賦曰蟹微糟而帶生今人以蟹沃之鹽酒和以蘸橙是蟹生亦曰洗手蟹東坡詩半殼含黃宜點酒即此也宋景文詩曲長溪舫遠宴暮酒螯香黃太史詩鮮縛華堂一座傾忍堪支鮮見香橙王初寮詩熟點醯蘸洗手生樽前此

物正施行哺糟晚出尤無賴尚有饞夫染指爭
陸放翁詩披綿珍鮓經旬熟斫雪雙螯洗手供

蟹蝑　鹽蟹

周禮注曰蟹醢也唐韻曰鹽藏蟹又曰蝑亦鹽
藏也本草圖經曰蟹蝑味鹹性寒有毒食療曰
蟹以鹽淹之作蝑崔德符詩曰團臍紫蟹初欲
嘗染指腥鹹還復輟陶商翁詩到版淡魚千片
白金膏鹹蟹一團紅

蟹食

蟹醢之類惟松茗間精乎此曾裘父詩遠及水中蟹直以投葅醢

蟹羹

宋景文詩秋水江南紫蟹生寄來千里佐吳羹踈寮誓蟹羹詩年年作誓蟹爲羹惓不支吾畧放行

糟蟹

糟法茱萸一粒置罋中經年不沙

黄太史賦曰蟹微糟而帶生蘇魏公詩右把卮酒左持螯慷慨酣歌藉糟王初寮詩醉死楊家

郭索生此曹平日要横行謝幼槃蟹詩不使洛陽頻下箸終令骨醉柰春風章甫蟹詩藉糟行萬里醉死甘爲戮踈寮糟蟹詩啜醨正自強持酒衆醉如何敢獨醒

糖蟹

南史何嗣侈於食味去其甚者猶有糖蟹使門人議之鍾岏曰蟹之將糖躁擾彌甚仁人用意深懷惻怛地志曰青州貢糖蟹宋景文詩訟失閑鄉犴糖螯佐壽杯黄太史詩海饌糖蟹肥江

醪白蟺醇蘇舜欽詩霜柑糖蟹新醅美醉覺人生萬事非韓子蒼糖蟹詩只訝平原驛使稀不嗔彭澤寄来遲勸君莫以無腸故忍見紛紛躁擾時注曰舊説平原歲貢糖蟹此可爲蟹箴矣謝幼槃詩變相驚蜊異将糖爊蟹躁

蟹虀

呉人虀橙全濟蟹勝韓昌黎詩笔以檄與橙腥臊姑越者也蔣頴叔松江亭詩品待秋風鱸味美重来鱠玉啜虀橙此明言橙虀也白樂天詩

老去齒衰嫌橘醋橘醋二字極佳枚乘七發曰酢以越裳之梅梅酢對橙虀爲佳未有人用也陸放翁詩醢醬點橙虀羨不數魚蟹邵迎詩鹽豉調羹金液膩橙虀薦鱠玉絲肥踈寮詩筍早趨禽腹橙香適蟹虀又詩蓴逢鱸始服橙入蟹偏香

蟹黄

游京錄曰京師買蟹黄包絶勝嶺表録異曰廣人取蟹肉膏如黄蘇加以五味和殼煉之張佑

詩蟹黃鹹滿箸熊白軟加邊黃太史詩長安千門雪蟹黃熊有白韓子蒼詩君家自有甑石儲蟹黃熊白能俱設李商老詩食蟹貴抱黃食魚先腹腴謝幼槃詩端爲懷黃取蟹烹豈因多足恣傍横

蟹饆饠

嶺表録異曰以蟹黃淋以五味蒙以細麪爲饆饠珍美可尚

蟹包

陸放翁詩蟹饌牢九美問人封德言餅賦中所謂牢九今包子是魚羹鱠殘香踈寮蟹包詩妙手能誇薄樣梢桂香分入蟹爲包也知不枉持螯手便是持螯亦草茅

蟹飯

李頎詩炊飯蟹螯熟下箸鱸魚鮮踈寮詩蟹豪留客飯芎細約僧茶

蟹碟一陶隱居蟹類最多類字雖可采目系曰碟

蝤蛑

明越風物志曰蝤蛑并螯十足生海邉泥穴中大者曰青蟳小者曰黄甲陳藏器本草曰蝤蛑隨潮退殼一退一長日華子曰蝤蛑性冷無毒觧熱氣陳藏器曰治小兒閃痞嶺表録異曰螯足無毛兩小足薄而闊謂之撥棹子埤雅曰蝤蛑兩螯至强能與豹鬭柳子厚詩蝤蛑顧親燎茶薫甘自薦歐陽公詩爲我辦酒殽羅列蛤與蛑東坡蝤蛑詩溪邉石蟹小如錢喜見輪囷赤玉盤半殼含黄宜點酒兩螯斫雪勸加餐蠻珎

海錯閒名久怪雨腥風入座寒堪笑吳興饞太守一詩換得兩尖團鄭毅夫詩正是西風吹酒熟蝤蛑霜飽蛤蜊肥踈寮詩老饞自應強雋逸壯蛑還只象膏粱又詩斫雪蝤蛑鱠生香茉莉盃曾文清詩使君領客未經句更以蝤蛑作小春

蟳

明越風物志曰蝤蛑大者曰青蟳晉安記曰蝤蛑斷物若芟如牟焉又曰武蟳本草圖經曰蟳

隨潮退殼一退一長其力至強能與豹鬬豹不能勝洪玉父詩丹荔薦盤驚北客赤蟳供饌識南州踈寮詩豆蔻雨分霽翠蟳雪炊春香又詩蟳肥和雪鱠梅早夾春篘又富次律送蟳鱗甲錯夏物懷青莫如蟳蘇公今張華何微不知音入手巨螯健斷雪雋莫禁宛然如玠輩曾是稟玉心蟹因龜蒙傑酒與畢郎深二者不可律食之當勻斟

螃蜞

世說曰蔡司徒過江見蟛蜞大喜曰蟹有八足加以兩螯令烹之既食委頓吐下方知非蟹後向謝仁祖說此事謝曰卿讀爾雅不熟幾爲勸學死爾雅曰螖小者蟧即蟛螖也似蟹而小按蟛蜞小蟹大於螖所謂螖蠌者也蔡謨不精於大小食而至於斃故曰讀爾雅不熟陶隱居曰蟛蜞生海邊似彭越而大似螖而小皮日休蟹詩族類分明連瑣結形容好箇似蟛蜞宋景文蟹詩定知不作蟛蜞誤曾厠西都學士名李商

老詩大嚼故應羞海鏡嗜甘乃誤食螖蜞欲將
磊落慙爾雅委頓深憐蔡克兒陶商翁詩蠢菌
發嬉笑螖蜞生嘔洩

彭蝟

爾雅曰蝟蠌小者蟧力刀反郭璞曰即彭蝟也膏
可塗癬埤蒼曰蟧螺屬或曰即蟧也似蟹而小
海人曰彭蝟辣螺所化蝟又化爲蟬中華古今
注曰彭蝟小蟹也小蟹二字亦佳嶺表録異曰
呉越間以鹽藏貨之晉書曰夏統孝海邉拾彭

蝟以資養劉馮事始曰世傳漢醢彭越賜諸侯英布不忍視之覆江中化此故曰彭越白居易詩鄉味珍彭越時鮮煑鷓鴣張祐詩鸂鶒穿蘆葉彭蜞上竹根章甫詩外事添蛇足餘生嚼越螯

擁劍

唐韻曰擁劍若蟹古今注曰一名執火以其螯赤也本草圖經一螯大一螯小者名擁劍陶隱居曰擁劍似彭蝟而大似蟹而小

桀步

海物志曰蟛蜞一種曰桀步埤雅曰蜞横行謂之桀步

江蜥

唐韻曰蜥若蝤蛑生海中今廣潮間有蜥乾本草圖經曰闊殼而多黄者名蠘生南海

蠞

唐韻曰蠞若蟹生海中

虮

唐韻曰虮蛤屬若蟹

虾不普流反

玉篇曰虾若蟹二足双出郭璞江賦

蜅蟤上方市反下布莫反

玉篇曰角蟹也

鰖以水反一曰地果反

唐韻曰蟹子也海物志曰有子者曰子蟹

蟹蝶二

海蟹　缸蟹　母蟹　赤蟹

紅蟹　白蟹

海物志曰蟚俗呼曰蟹經霜有膏曰赤蟹無膏曰白蟹海人以鹵治之曰釭蟚嶺表録異曰有赤母蟹文有紅蟹即赤蟹也秀之華亭林湖近顧野王宅天聖間忽生白蟹一年而絶蘇欒城詩奉親魚蟹無臨海退食琴書有定庵胡澹翁詩赤魚白蟹何足數風味未可松江鱸陸放翁詩白蟹魚肥初上市輕舟無數去乘潮

江蟹

郭璞江賦曰瑣琣腹蟹水母目蝦松陵集注曰蟦蛣似蜯有一小蟹在腹中為蛣出求食蟹或不至蛣死淮海人呼爲蟹奴皮日休詩蟹奴晴上臨湘檻鴈娉秋隨過海船梅聖俞詩一十明月腹中有小碧蟹即此也

沙蟹

海物志曰一種小於彭越曰沙蟹許渾詩江上蟹螯沙渺渺鳴中蝸殼雪漫漫

水蟹

嶺表録曰水蟹螯殼内皆鹹水

彪蟹

嶺表録異曰蟹殼上彪斑可爲酒器

石蟹

廣州記曰石蟹出南海蟹化爲石遇潮漂出主消眼翳治眼澁細研和水入藥相佐用以點眼

蠙思巻之三

凡十五紙

蟹畧卷之四

高氏似孫修

蟹雅

蟹圖

唐畫斷曰韓滉畫妙於螃蠏聖朝名畫評曰闊士安宛丘人善畫碁蟹於架中有易元吉蟹圖郭忠恕蟹圖又有金門羽客李德柔郭索鉤輈圖劉貢父畫蟹詩後蚓智不足捕鼠功豈具一爲丹青録能使萬目顧氣淩龜龍蟄勢徑滄海

渡微物亦有動将非逢學誤強至墨蟹詩瑣瑣
江湖中忽在幽人壁短螯利雙鉞長跪生六戟
骨眼驚自然熟視審精墨初疑蟺穴束猶帶浮
泥黑橫行竟何從躁心固已息終朝墻壁間頗
有肥霜色我來空持杯左手莫汝食謝奪造化
功生成歸筆力

蟹琴聲

琴録曰履霜操有蟹行聲齊唐詩槐楓親黼扆
畫蟹播朱絃

蟹眼茶湯

茶録曰煎茶之泉視之如蟹眼皮日休煎茶詩時看蟹目濺乍見魚鱗起東坡詩蟹眼已過魚眼生颼颼欲作松風聲又詩蟹眼翻波湯已作龍頭拒火柄猶寒黄太史詩遥憐蟹眼湯已作鷩管玉蘇欒城詩蟹眼煎來聲未老兎毛傾看色尤宜蔡君謨詩兎毫紫甌新蟹眼青泉煑曾裘父詩朝来蟹眼方新試昨夜燈花早得知

蟹杯

嶺表録異曰彪蟹殼上有彪斑又有五色者可
爲杯皮陸詩注南人目螺之有色者曰雲螺用
以酌酒亦此類也

蟹志賦詠

蟹志　　陸龜蒙

蟹水族之微者其爲蟲也有籍見於禮經載於
國語楊雄太玄辭晉春秋勸學等篇考於易象
爲介類與龜與鼈剛其外者皆乾之屬也周公
所謂傍行者歟參於藥録食疏蔓延乎小説其

智則未聞也惟左氏記其爲災子雲譏其躁以
爲郭索後蚓而已蟹始窟穴於沮洳中秋冬交
必大出江東人云稻之登也率執一穗以朝其
魁然後從其所之也早夜觱沸指江而奔渙者
緯蕭承其流而障之曰簖（音鍛）簖短其入江之道
焉爾然後扳援逸遯而往者十六七既入于江則
形質寖大於舊自江復趨於海如江之狀漁者
又簖而求之其越軼遯去者又加多焉既入于
海形質益大海人亦異其稱謂矣嗚呼執穗而

朝其魁不近於義耶拾沮洳而之江海自微而務著不近於智也今之學者始得百家小説而不知孟軻荀楊氏之道或知之又不汲汲於聖人之言求大中之要何也百家小説沮洳也孟軻荀楊氏聖人之瀆也六籍者聖人之海也苟不能拾沮洳而求瀆由瀆以至於海是人之智反出於水蟲下能不悲夫吾是以志其蟹

松江蟹舍賦　　高似孫

鴟夷子皮既相勾踐讐闔閭殄夫差弔子胥無

懴恨於越人迄騁懷於西吳乃昂然作喟然吁曰兔死犬烹鴻罹于呂古人所危吾其亟圖方將朝三江夕五湖一去不回樂哉此桴屣其遺於人間情嫋嫋於姑蘇水統乎笠澤天包乎具區松陵五湖太湖交瀦川納壑府波畫村墟石鏈碕岸崖鼇別區波程杳渺水路盤迂洄渚綦布聚落星敷采之於山則綠膩女桑黃苞橘奴牧菽貢梨剥棗擷茶取之於水則繇被紫蓴筍食青菰采菱舂芡食蓮燒蘆是皆舟子所鄉漁

即所廬葭菼兮爲域萑葦兮爲墟鴻鷺兮爲隣鵠鵜兮爲徒時則天澄月淨風恬靄舒或霧氣之濛沫或煙雨之扶疎棹歌亂發漁榜疾徐命儔嘯侶靡不一魚蔭椰邊之巢椮挂隔花之罾𦋺兒奏輕笱婦手飛罛水之事潑潑一發靡虛乃有鱠殘之鯽四腮之鱸瓌異叢毓鱗甲紛拏鯉皆奔於漁市羡足給於魚租至於露老霜來日月其徂萬螯生涼含黃腯膏其武郭索其雄睢盱其心易躁其腸實枯皷勇而喧集齊奔而

並驅鴟夷公顧而笑曰昔者吳之將徵民甚難虞厥有躁亂害于菑畬是故汝輩之所騁者歟吳人趨而告曰當是時也善有鮮鑑貞有罕孚樂鴂乎毒習甘乎諛一艷方妍漂香沉珠樂極危生淪胥以鋪是故非蟹罪也維我吳人以漁爲娛施勤於籠籪皆得志於江途方洞庭兮始霜凝萬稼兮豐腴執一穗兮朝魁目洪漠兮爭趨工緯蕭兮承流截蹶沸兮防逋燎以乾蒿檻以青奴喧動涼篼驚飛宿鳧其多也如涿野之

兵其露也如太原之俘蟹事卓犖八荒所無今敢藉以涼荻束之風蒲願奉一醉獻諸大夫大夫嗒然笑曰嗟汝吳兮巨麗樂太伯兮開初括於粵兮自裕跨荊蠻兮遠摹千星紀兮經畧控軫野兮車書至若藪澤幽靈川瀆氵洿灌注於天下之半欝拂兮瀛洲之居忘越矢之倏西嗟麋臺之交燕余方超萬物兮如蜕豈一蟹兮樂且吳人再拜進曰大夫高矣儂聞宅金湯之固者莫崇乎德者也建竹帛之功者莫勇乎謀者

也自吳越成敗慨君臣之嗟吁然儂者生長水
國子孫澤隅朝暮一艇寒暑一笛老魚鼈而爲
命狎鷗鷺而不孤久與世以相忘亦傷今而欲
痛大夫方將謝軒冕樂樵漁斡玄機兮相高蹇
幾遯兮不渝今儂有粳可炊有酒可酤幸江山
兮如待期風月兮無辜大夫爲之愕然曰君子
者事豈以蟹爲業者歟非渭水之遺智必山澤
之脩癯深樂其言藏道於愚欲去兮徘徊欲逝
兮勤劬舉酒酬酢何其悲歟與之釋縛使之柏

浮剗甲如山虀橙如鋪意晤忘言酒深相扶指
青天兮自誓幸來世兮知予渺煙水兮莫能留
迅孤舟兮不可呼蟹翁者三歎於悒四顧躊躇
揖長江兮脫如矢歌浩浩兮何能俱其歌曰天
高兮月寒大風兮水急鴻遠兮汲汲人有慕兮
嘆何及木落葉兮洞庭波江有氾兮漢有沱把
酒荅天聊自歌歌月落兮愁如何又歌曰颯落
兮隕霜菰香兮如雪一舟兮太決智者樂兮樂
者哲蟹健兮鱸肥風吹酒兮酒淋衣知有蟹兮

不知時若斯人兮其庶幾

詩

蟹寄魯望　皮日休

紺甲青匡染菭衣島夷初寄北人時離居定有

石帆覺失伴惟應海月知族類分明連瑣琣（瑣琣）

（以小蚌有一小蟹在腹中時出求食淮海呼之爲蟹奴）形容好箇似彭蜞

病中無用雙螯處寄與夫君左手持

襲美寄蟹　陸龜蒙

藥杯應阻蟹螯香却乞江邊採捕郎自是楊雄

知郭索且非何嗣敢餦餭骨清猶似含春靄沫
白還疑帶海霜強作南朝風雅客夜來偷醉早
梅傍

客惠吳蟹　宋祁

秋水江南紫蟹生寄來千里佐吳羹楚人故使
衷留甲齊客何妨死願烹下箸未休資快嚼持
螯有味散朝酲定知不作彭蜞誤曾厠西都學
士名

吳正仲遺活蟹　梅堯臣

年年収買呉江蟹，二月得從何處来？滿腹紅膏肥似髓，貯盤青殼大於杯。定知有口能噓沫，休信無腸便畏雷。幸與陸機還往熟，每分呉味不嫌猜。

釣蟹　梅堯臣

老蟹飽經霜，紫膏青石殼。肥大窟深淵，曷虞遭食啄。香餌與長絲，下垂寧可覺。未免利者求，潛潭不爲邈。

食蟹　黄庭堅

海饌糖蟹肥江醪白蟻醇每恨腹未厭誇談齒
生津三歲河外霜團臍常食新朝泥看郭索暮
鼎調酸辛趨蹌雖入笑風味極可人憶觀淮南
夜火攻不及晨横行葭葦中不自貴其身誰憐
一網盡大法河北民昂司費萬錢玉食常羅珎
吾評揚州貢此物真絕倫

謝何十三送蟹　黄庭堅

形容雖入婦女笑風味可解壯士顏寒蒲束縛
十六輩已覺酒興生江山

借荅送蟹韻戲小何　黃庭堅

草泥本自行郭索玉人為開桃李顏恐似曹瞞
說雞肋不比東阿舉玉山

代二螯解嘲　黃庭堅

仙儒昔日卷龜殼蛤蜊自可洗愁顏不比二螯
風味好那堪把酒對江山

又借前韻　黃庭堅

招潮瘦惡無永味海鏡纖毫只強顏想見霜臍
當大嚼夢回雪壓摩圍山

鄂渚絶無蟹偶得數枚吐沫相濡乃可

憫笑　黄庭堅

怒目横行與虎爭寒沙奔火禍胎成雖爲天上

三辰次未免人間五鼎烹

其二

勃窣盤跚烝涉波草泥出没尚横戈也知觳觫

元無罪奈此樽前風味何

其三

解縛華堂一座傾忍看支解見香橙東歸却爲

鱸魚鱠未敢知言許季膺

食蟹　張耒

世言蟹毒甚過食風乃乘風濕爲末疾能敗股與肱我讀本草書美惡未有憑筋絶不可理蟹續牢如絙骨萎用螯補可使無搴騰凡風待火出熱甚風乃騰中炎若遇蟹其快如霜氷俗傳未必妄但恐殊愛憎本草起東漢要之出賢能雖失諒不遠堯跖終殊稱書生自信書俚説徒營營

寄文剛求蟹　張耒

遥知漣水蟹九月已經霜匡實黄金重螯肥白玉香塵埃離故國詩酒寄他鄉若乏西来使何緣致洛陽

次韻震子磐送糟蟹　王履道

醉死楊家郭索生此曹平日要横行不須覆醢煩諸子試比糟豚幾許争

其二

熟點醯虀洗手生樽前此物正施行哺糟晚出

尤無賴尚有饞夫染指爭

其三

烹不能鳴渠幸生含糊終作醉鄉行裂臍己腐

人誰照折股猶腥犬謾爭

其四

塞上秋殘百萬生書囊旁午此時行聾丞自薦

棧雖妙未必持螯手肯爭

其五

莫笑頭陀飯出生要將戒殺勸修行霜螯斷命

終妨道身作人爲了不爭

康判官寄螃蠏　　毛友

沙頭郭索衆橫行豈料身歸五鼎烹支解樽前供大嚼胸中戈甲也虛名

食蟹　　韓駒

海上奇烹不計錢枉教陋質上金盤饞涎不避吳儂笑香稻無償楚客飡寄遠定須宜酒債嘗新猶喜及霜寒先生便腹惟思睡不用殷勤破小團

謝江州送糖蟹　韓駒

故人書札訪林泉郭索相隨到酒邊未擘團臍先一笑二螯能覆幾觥船

其二

只許平原驛使稀（舊說平原歲貢糖蟹）不嗔彭澤寄来遲勸君莫以無腸故忽見紛紛躁擾時

食蟹　謝幼槃

端爲懷黃取醢烹豈勝多足恣傍橫焚臍未用集鼠輩椎髓方嫌太瘦生

其二

分付廚人若見嬿十臍元有九臍尖要知其中
未必有輸與蛤蜊如蜜甜

其三

論功直與酒杯同何事生憎在水中不使落湯
頻下箸終令骨醉柰春風

其四

有國常憂以味亡浪知有毒味中藏誰能不累
口腹事莫趂秋風嚼稻芒

食蟹　李商老

溪友提攜紫蟹肥，形模郭索就羈縻。抱黄斫雪老饕事，看碧成朱露醉時。大嚼故知羞海鏡，嗜甘易誤食彭蜞。欲將磊落輕爾雅，委頓深憐蔡克兒。

詠蟹　陳與義

量才不數鰲魚額，四海神交顧長康。但見横行疑是躁，不知公子實無腸。

糟蟹　曾幾

風味端宜配麴生無腸公子籍糟成可憐不作空虛腹尚想能爲郭索行張翰蓴鱸休發興洞庭蝦蠏可忘情君看醉死真奇事不受人間五鼎烹

錢仲脩餉新蟹　曾幾

開奩破殼喜新黃此物移來所未嘗一手正宜深把酒二螯已是飽經霜横行足使斑寅懼乾死能令瘧鬼亡畢竟爬沙能底事秖應大嚼慰枯腸

趙嘉父致松江蟹　似孫 己下十三首

鴈知楓己落松江催得書来急蟹綱消一兩螯如斲雪強三百橘未經霜無詩莫學天隨子有酒當呼吏部郎不觧持經聊戒殺省嬿無板去燒湯

李迅甫送蟹

小橘枚枚菊未黄蟹肥全不待些霜莫嬿草草相知少猶是曾為吏部郎

其二

平生如此　蒙蟹便無錢也多多買暫見風姿
已瀟灑一呷橙虀酒如澥

誓蟹羹

年年作誓蟹為羹倦不能支畧放行但是草泥
行郭索莫愁豕腹脹彭亨酒令到此都空了詩
亦隨渠也瘦生吏部一生豪到底此時得意孰
爲爭

趙嘉父送松江蟹

青天肯爲蟹飛霜蟹亦貪詩老更狂楓葉已隨

詩共冷菊花能爲酒先忙平生爾雅消能熟此
去玄經孰敢荒剪取吳松半江水漁翁不敢呌
滄浪

同父送松江蟹

人間寧有幾松江蟹到強時橙也黄非是龜蒙
無此雋自從茂世孰爲忙乾坤太半漁爲宅雪
月從頭筆做牀不讀晉書誰了此晉書不讀也
蒼茫

趙廣德送松江蟹

江空蟹急窘於蒐滿腹清涼做盡秋茶竈筆牀
新意思寢香衛戟戰風流生擠不入吳王鱠死
亦相尋越女舟得一好詩無可憾無詩也不作
騷愁

趙崇暉送魚蟹

秋驅鴈至至猶稀且饌新篘理舊衣蟹為龜蒙
何惜死鱸非張翰且休肥五湖己去無遺恨三
徑方歸有昨非更欲借渠茶竈火蕭蕭葉滿洞
庭飛

趙若海惠蟳

早揮鱠手斫雲鼇雪帶晴飛且拍螯安得輪囷如此壯也知郭索許多騷翰林風月從来別太史江山一味豪今夜筆牀船上去邑輸吏部十分高

江寺丞送蟹

苦無多雨便重陽憶殺池頭煑蟹涼政用此時消幾輩菊花先作故山香

吳中致蟹

天雨洞庭霜寒驅蟹力忙全然空俗味只是作
詩香酒已方纔熟橙猶未肯黄讓渠荼竈火和
月煑滄浪

汪彊仲郎中送蟹

連日天街候駕歸且呼酒對早梅飛從來吏部
高情別右手分將老蟹肥

荅癯庵致糟蟹

秋入丹楓聲怒號吳兒得志飛輕舠緯以萬竹
瀾寒濤有法如兵勇於鏖彼蟹甚武殊驛騷一

霜二霜如此胥物生固忌風味高最以風味無
一逃墊之酒鄉泣醨糟一醉竟死俱陶陶了我
一生凡幾醪死生大矣惟所遭飲中諸公人中
豪左手酒盃右手螯醉魂浩蕩不可招為君以
酒愽葡萄世間萬事真牛毛一醉一死俱蓬蒿
恭惟不殺心忉忉視民如蟹嗚呼饕

蟹畧卷之四　凡十七紙

澤國風霜後漁郎網罟前波濤愁欲避朝野
急於賢螃蟹無能事鱸魚不值錢須知畢吏
部不讓季鷹先

嘉靖十年歲次辛卯閏六月吉

姑蘇金昌柳僉録
畢蟹畧作此詩志后